Jean-Henri Fabre

法布尔昆虫记

大自然的清道夫蜣螂

〔韩〕金春玉◎编著   〔韩〕金世镇◎绘   李明淑◎译

北京科学技术出版社
100层童书馆

序

法布尔是一位杰出的昆虫学家，也是一位优秀的文学家。19 世纪末至 20 世纪初，法布尔捧出了一部《昆虫记》，世界响起了一片赞叹之声，这片赞叹声一响就是 100 多年，直到今天！

《昆虫记》语言朴素却不失优美，法布尔把一部严肃的学术著作写成了优美的散文，人们不仅能从中获得知识，更能获得一种美的享受，并由衷地对大自然产生深深的爱！

作为一位昆虫学家，一位用心去观察、用爱去感受的昆虫学家，法布尔的科学研究是充满诗意的。他不把昆虫开膛破肚，而是充满爱心地在田野里观察它们，跟它们亲密无间。他用诗人的语言描绘这些鲜活的生命，昆虫在他的笔下是生动、美丽、聪慧、勇敢的，他说他在"探究生命"，目的是"让人们喜欢它们"。他的心如同孩童般纯真，他的文字也充满想象力和感染力。他要让厌恶昆虫的人知道，这些微不足道的小虫子有许多神奇的本领，它们勇于接受大自然的考验，努力在这个世界上争得生存的空间。

北京科学技术出版社出版的这套改编的儿童版"法布尔昆虫记"换了一种方式来呈现这部科学经典。这套书用简洁的语言、精美的彩图、生动的故事情节描绘法布尔原著中具有代表性的昆虫，讲述它们的故事，展现它们的个性，处处流露出作者对它们的喜爱。我向小朋友们推荐这套彩图版"法布尔昆虫记"，是因为它语言非常优美，且所描绘的昆虫形象栩栩如生，小朋友们可以透过文字了解它们的喜怒哀乐。故事兼具科学性和趣味性，能够激发小朋友们的阅读兴趣和对大自然的好奇心，培养他们尊重生命、亲近自然、热爱科学的精神！

最后，希望北京科学技术出版社出版更多、更好的儿童科普书，同时也祝愿我国的儿童科普事业蓬勃发展！

中国科学院院士

张广学

滚粪球的清道夫

不知道你是否见过蜣螂认真推粪球的滑稽样子呢？

蜣螂会将牛或羊等动物的粪便制成粪球，然后把粪球滚回家或者埋在地底下，所以在蜣螂比较多的牧场，你只能看到新鲜的粪便，而看不到时间比较长的粪便。但是在城市里，蜣螂很难生存，所以住在城里的小朋友看不到它们的身影。古埃及人认为蜣螂是神的化身，因而对它们非常崇拜。

法布尔对蜣螂也非常感兴趣，他一生研究了很多种蜣螂，包括长着漂亮触角的西班牙蜣螂、闪闪发亮的裸胸蜣螂、平均制作 9 个卵房的西西弗斯蜣螂等。其中有一种名叫圣甲虫的蜣螂，法布尔对这种蜣螂进行了 30 多年的研究。

现在，我们就来和法布尔一起了解蜣螂的生活吧！

目录

大自然的清道夫——蜣螂

辞去教职的法布尔搬到了法国塞里尼昂村，

并在那里买了一栋有大庭院的房子，

将它命名为"荒石园"。

法布尔开始在这个地方专心研究昆虫。

6月下旬的一个星期天，

负责帮助法布尔观察圣甲虫的牧羊少年

手里拿着一个梨形粪球，

兴高采烈地跑来对法布尔说：

"先生，我发现了圣甲虫的卵房。"

"什么？你发现了卵房！"

法布尔跟着牧羊少年跑到卵房被发现的地方。

只见那里的土堆上有一些隆起，

牧羊少年开始小心翼翼地挖土，

法布尔则趴在地上仔细观察。

就在这个时候，

法布尔第一次见到了本书的主角们！

法布尔花了 30 多年的时间

研究各种各样的蜣螂，

除了圣甲虫外，还有裸胸蜣螂、野牛角蜣螂、

宽颈蜣螂、宽胸蜣螂、西西弗斯蜣螂、

西班牙蜣螂、米诺多蒂菲蜣螂和条纹蜣螂等。

"我是神奇手！"

5 月的大地早已披上了春天的盛装，
小路旁盛开着红、白两色的山楂花。
草原上的小溪蓄积了许多雨水，
伴着潺潺的流水声，
一群牛正悠闲地在丘陵上吃着嫩草。

"发现牛粪了！"
随着嗡嗡的振翅声，
一群圣甲虫朝着牛粪蜂拥而上。

圣甲虫大部分时间都躲在地底下，

他们嗅觉非常灵敏，

只要一闻到粪便的味道，

就会马上爬出来，

即使在睡觉的时候也一样。

"我得赶紧过去。"

一只名叫神奇手的圣甲虫也从洞里爬了出来，

只见她将头上的触角展开呈扇子状，

迅速飞了起来。

神奇手的妈妈希望她长大后

成为一只很会制作卵房的圣甲虫，

于是给她起了这样一个名字。

我是圣甲虫，
一种体形很大的蜣螂！

我是神奇手，
一只爱提问的圣甲虫！

圣甲虫的身体呈椭圆形，
有着黑色的光泽，
体长 26 ～ 40 毫米。

"赶快动手吧！"

神奇手将锯齿状的头和前足当成铲子，

开始挖起粪来。

"走开！这是我的位子，你给我滚开！"

突然，一只圣甲虫大喊着挥动前足，

用力揍了神奇手一下。

神奇手也不甘示弱，

一下子将那只圣甲虫狠狠地打倒在地。

那只圣甲虫被打得晕头转向，

他爬起来瞪了神奇手一眼，

灰溜溜地飞走了。

为了抢占最佳位子，
其他圣甲虫也大打出手。
不久，圣甲虫们全都占好了位子，
开始制作起粪球来。

"我要做一个又大又圆的粪球！"
神奇手挖出了一块圆形的粪团，
她先竖起前足使劲将粪团压成球状，
接着爬到粪球上面，
扭动着身体，
在这个地方压一压，
在那个地方拍一拍，
忙着整理粪球。

粪球这时还不能骨碌骨碌地滚，
这可不是在滚雪球！

在粪球做好之前，
可不能随便推来推去！

在粪球做好之前，神奇手是不会移动它的。

好一阵拍拍打打之后，粪球终于做好了。

"现在就把它带回家慢慢享用吧！"

神奇手倒立在地上，

先用长长的后足抱住粪球，

再用前足左右交替蹬地。

粪球快速滚动起来。

"要想把粪球推得远一点儿，只有这个办法了。"

神奇手继续用前足蹬地，

同时她把两只锋利的后足放在粪球上，

当成旋转轴。

地面有些凹凸不平，

神奇手继续向前移动，

放在粪球上的后足也不停地变换着位置。

对她来说，这样的路并不是什么大问题。

接下来是一段上坡路。

"嗨哟！嗨哟！"

神奇手吃力地推着粪球向上爬。

"哎呀！"

一不小心，她前足踩到了土坑里。

神奇手和粪球一起

骨碌碌地从斜坡上滚了下来。

她赶紧站起来，仔细检查心爱的粪球。

幸好，粪球没被弄碎，也没被压扁。

"好危险呀！"

突然，神奇手身旁传来了细小的说话声。

"喂！是谁在说话？"

"我们是西西弗斯蜣螂，

你刚才差一点儿压到我们。"

两只西西弗斯蜣螂一边喘着粗气一边回答道，

他们一副吓坏了的样子。

西西弗斯蜣螂体长 8 ～ 10 毫米，

有着尖尖的尾部和长长的后足，

身上还长着许多细毛，

他们是生活在法国的蜣螂中体形最小的一种。

"真是对不起！

咦，你们俩一起做一个粪球吗？"

神奇手惊讶地眨着眼睛问西西弗斯蜣螂。

"是啊！我们夫妻俩正在为宝宝做粪球呢。"

"什么？你们已经开始为宝宝制作粪球了？
可是，现在才 5 月啊！"
神奇手好奇心很强，
她想知道其他蜣螂是如何制作粪球的。

"我们都是在凉爽的时候制作粪球的。"
听到西西弗斯蜣螂的回答，
神奇手越来越疑惑，
因为圣甲虫是由雌性为宝宝制作粪球的，
而且，要等到 6 月才开始。
"你们好像有很多地方都跟我们不一样啊！"
"当然了！
我们连长相都不一样呀！"
雌西西弗斯蜣螂理所当然地说。

"我们一般制作豌豆大小的粪球，

而且，在滚动粪球的时候绝对不会改变方向，

所以，昆虫学家借用希腊神话里的人物西西弗斯

给我们取了学名。

西西弗斯原本是一位国王，

由于他触犯了众神，

所以，众神便罚他将一块巨石推向山顶。

但是，每次西西弗斯将巨石推到山顶时，

巨石都会自动滚下来，

因此，西西弗斯只能不断重复地做这件事。

不过，我们并不认为推粪球是件很累的事，

反而以此为乐！"

"没错，我也是！

可是，你们为什么要一起推粪球呢？"

"因为我们是夫妻呀！

我和丈夫一起干活。

因为我的身体比我丈夫大，所以总是站在前面，

我用倒立的姿势抱着粪球，

而我丈夫则在后面帮忙推。"

神奇手听得津津有味。

"你知道这样推的好处是什么吗？"

雌西西弗斯蜣螂问神奇手。

"能有什么好处呢？"

"这样推，粪球会越滚越结实，

而且粪球的表面会沾上泥土，

如此一来，粪球才不容易发霉呀！"

"啊哈，原来如此！那你们也一起挖洞吗？"

"那倒不是。当我用前足和头挖洞时，

我丈夫会在一旁紧紧地抱着粪球。

等洞挖得差不多时，我就先进洞，

再把粪球拉进去。

我必须一直守着粪球才放心。

如果不看好粪球，它有可能被其他蜣螂偷走，

还有可能让苍蝇抢先在上面产卵。

"当我继续往下挖时，

我丈夫就会在上面一边小心翼翼地推粪球，

一边注意不让洞穴坍塌。

我们就这样齐心协力，直至将粪球推进洞穴深处。

不过，等我开始产卵时，他就得到洞外面去了。"

"为什么？"

"因为我们的洞穴空间有限，
宽度也只容我抱着粪球勉强爬进去，
所以，我丈夫只能到外面去。"
当雌西西弗斯蜣螂在跟神奇手聊天时，
雄西西弗斯蜣螂就像表演杂技似的，
用后足举起粪球，让粪球在空中旋转。
"哦……那你们的洞穴是什么样的？"
"就像你们圣甲虫洞穴的缩小版一样。"
"那你们为什么这么早就开始挖洞呢？
现在还是 5 月呀！"

"因为到了7月上旬，

我们的幼虫就会长成成虫。

成虫爬出洞穴后，很快便会钻进粪便里，

以躲过炎热的夏天，

然后经过短暂的秋天才会钻到地底下过冬。

等到第二年的春天，

一对对西西弗斯蜣螂就会一起推粪球，

并赶在四五月时开始制作卵房，

而且，一对夫妻平均要制作9个卵房。"

"哇！那么多呀！"

"对呀！我们要走了，

得赶快去制作卵房！"

"好的，再见！很高兴认识你们！"

神奇手看着西西弗斯蜣螂夫妻俩

推着粪球离去的亲密的背影，

心想："如果雌西西弗斯蜣螂没有丈夫帮忙，

凭她自己的力量，

可能制作不了那么多卵房吧。"

在回家的路上

神奇手推着粪球费力地往坡顶爬。

"我来帮你吧！"

这时，不知从哪里飞来一只圣甲虫，

他站在粪球前方，用前足抱住了粪球，

帮神奇手将粪球往坡上拉。

"谢谢你，朋友！"

神奇手在后面推着粪球。

但是，他们配合得并不默契。

"哎呀！"

那位"朋友"摔倒了。

神奇手还在努力地推着粪球。

"真笨，她还以为我在帮她呢！"

那位"朋友"在暗自嘲笑神奇手，

他把两只后足缩到腹部，偷偷地趴在了粪球上。

不知情的神奇手仍然一心一意地推着粪球，

那位"朋友"和粪球一起滚动起来——

他晕头转向，

但还是死死地扒着粪球。

"嗯，就在这里盖间房子吧！"

神奇手在一块沙地上停了下来，

因为沙地比较容易挖洞。

神奇手顾不上休息，立即开始挖起沙土来。

她用锯齿状的头和前足不停地挖着，

就像一台推土机。

不一会儿，神奇手就挖出了一个大洞。

"快好了，再挖深一些就可以了！"

每当神奇手把挖出的沙土抛出来时，

她都要瞟一眼自己的粪球，

偶尔还走过去摸一摸。

"喂，快点儿挖吧！"

那位"朋友"并没有帮忙挖洞，

而是静静地坐在粪球上面。

神奇手挖的洞逐渐变得又大又深，

她无法时常跑出来查看自己的粪球了。

“好机会！”

那位“朋友”瞅准时机，迅速从粪球上滑下来，

推着粪球跑了。

“咦，我的粪球哪儿去了？”

过了一会儿，从洞里爬出来的神奇手吓了一跳。

“一定是那个家伙干的！”

神奇手咬紧牙关开始追赶，

没多久，便在前方发现了推着粪球的小偷。

神奇手将薄薄的棕色翅膀收到鞘翅下面，

用前足狠狠踢了那个小偷一下。

正倒立着急匆匆地推着粪球的小偷

在遭到突然袭击后，

仰面朝天倒在了地上。

"你凭什么打人？"

小偷气急败坏地大喊。

他挣扎了很久，

费了好大的劲才勉强翻身爬起来。

"喂！这是我的！"

神奇手站在粪球上面，摆出打架的架势。

小偷也不甘示弱，不停地绕着粪球走来走去，

试图找出破绽抢走粪球。

神奇手不断变换着方向，

她看准小偷不断移动的身体，猛然挥出前足，

小偷再次倒在了沙地上。

但小偷还是不服输，很快又站起来，

开始用后足用力推粪球。

小偷这一举动出其不意,
神奇手一点儿准备都没有。
她慌慌张张地去抓粪球,
但还是从粪球上滚了下来。
"机会来了!"
小偷用前足偷袭神奇手,
神奇手也不甘示弱,
他们扭打在一起。

"咔嗒！咔嗒！"

战场上不时传来盔甲相撞的声音。

"哎呀！"

只听一声尖叫，小偷仰面倒了下来。

神奇手迅速爬上粪球，

得意扬扬地说道：

"这下你总该认输了吧！"

小偷瞪了神奇手一眼，

垂头丧气地飞走了。

他好像放弃了，

打算寻找粪便，自己制作粪球去了。

"看样子不能掉以轻心，

还是把粪球放在家里比较安全！"

神奇手想赶紧把粪球推回刚刚挖的洞穴，

于是急匆匆地挪动着前足。

"啊！又怎么回事？"

突然，粪球卡住了，

神奇手急忙爬到粪球顶端查看。

"嘿，你好吗？我是宽颈蜣螂。"

只见一个和神奇手长得很像的小家伙

正努力地推着自己的小粪球。

"你好！你和我长得很像啊，

就是你个头太小了。"

宽颈蜣螂体长 15 ～ 23 毫米，

相比圣甲虫身材非常娇小。

宽颈蜣螂前胸有一道小小的沟，

鞘翅的硬壳上还有竖条纹。

"这个小家伙是怎么制作粪球的呢？"

虽然刚才和小偷奋战已经筋疲力尽，

但神奇手仍然无法控制自己强烈的好奇心。

"你过来一下！"神奇手说道。

宽颈蜣螂看起来有些惧怕神奇手，

他小心翼翼地问：

"你要干什么？

请不要伤害我！"

宽颈蜣螂从来不会到处乱爬，

也不会为了争夺粪球而打架，

更不会丢弃自己的粪球，

他们性格非常温顺。

"你放心吧！我不会伤害你。

我只是好奇你们是怎样制作粪球的。"

神奇手温柔地解释道。

宽颈蜣螂松了一口气。

"是这样的，我们先挖出最好的粪团，

然后一边用前足使劲拍打，

一边整理粪团，

最后制作成圆圆的粪球。"

"这似乎跟我们的做法没什么两样，

那么，你们又是如何制作卵房的呢？"

"我们中的雌性先将粪球推进洞穴，

再把粪球做成梨形卵房。

有时也会做成圆形或者半圆形的卵房，

有时则会把粪球切成两半，做成两个卵房。"

神奇手认为，
宽颈蜣螂虽然身材比较娇小，
但是许多习性都和自己的相似，
所以应该和自己有亲缘关系。

看到神奇手一副意犹未尽的表情，

宽颈蜣螂连忙问道：

"那么，你听说过野牛角蜣螂吗？

我也是听别人说的，他们的洞穴很有趣！"

"他们的洞穴是什么样的啊？"

神奇手马上好奇地瞪大了眼睛。

"听说，他们的洞穴像人类的手一样，

有5个手指状的长长的洞，

他们会将卵产在每个长长的洞的底部。

通常，野牛角蜣螂夫妻俩待在

手掌般的房间里。

"到了 8 月，野牛角蜣螂的幼虫

基本就会吃完卵房里的粪球，

接着，他们便会用长在后背的囊里

分泌出的一些黏稠物将自己一层一层包起来。

直到第二年的 7 月底，

他们仍然是幼虫的状态，

也就是说，他们变成蛹需要花一年的时间。

等到夏天快要结束时，

从蛹蜕变成成虫的野牛角蜣螂仍然住在蛹壳里。

到了 9 月雨季来临时，

他们才会从地底下爬出来。

野牛角蜣螂的头部

有一根状似牛角的特角。

他们体长 13 ~ 18 毫米，

体形比我们还要小，

但他们看起来很有力气。

"天气转冷时，
野牛角蜣螂就会钻到地底下过冬，
等到来年春天再回到地面上生活。"
神奇手一边听宽颈蜣螂介绍，
一边想象着野牛角蜣螂的模样。
"那么，现在我可以走了吗？"
宽颈蜣螂小心翼翼地
看着神奇手的脸色问道。

"当然！请便吧。"

宽颈蜣螂迅速推着粪球离开了。

"好了，我也该回家了。"

神奇手也朝着洞穴的方向推粪球。

到了洞口，

神奇手将粪球推了进去。

"得赶紧封上洞口。"

神奇手用沙土封住了洞口，

她终于可以松口气了。

"这下可以放心了。"

因为在地下，房间里很凉快，
也听不到洞外的嘈杂声，
只有隐约的昆虫歌唱声，
神奇手的心情非常舒畅。
"好了，终于可以开吃了。"
神奇手专心地吃起粪球来。
"我得多吃点儿。"

一整天，神奇手都在不停地吃粪球。
因为圣甲虫有细长的肠道，
肠道在腹内弯弯曲曲地盘旋着。
所以神奇手才能这样长时间地吃食物。

我有细细长长的肠子，
我有弯弯曲曲的肠子，
我能吸收牛羊吸收不了的养分。

神奇手已经吃掉了半个粪球，
她一边狼吞虎咽，
一边不断地从尾部排出
黑色带油光的排泄物。
神奇手足足吃了 12 个小时，
她的排泄物连成一条
长达 2.88 米的细线。

可爱的梨形粪球

转眼就到了6月，

羊群在牧场上悠闲地吃着青草。

神奇手看着羊群想：

"我也该制作卵房了。"

神奇手平常会吃马、骡、牛、羊等

家畜的粪便，

但是，为了宝宝的卵房，

她会非常挑剔地选择粪便。

"一定要保证营养丰富！"

在常见家畜的粪便中，
羊粪最有营养。
而且，羊粪中水分较多，
所以比较有黏性。
"啪！"
这时，一只羊排出了新鲜的粪便，
只见一群蜣螂蜂拥而上。

这些蜣螂为了抢夺羊粪，

有的爬到羊粪上面，有的钻到羊粪里面。

"那是什么？"

突然，神奇手发现一只在羊粪上面

飞来飞去的蜣螂。

他速度非常快，

一眨眼就不见了踪影——

原来他钻到羊粪里藏了起来。

他身上的盔甲就像金属一样闪闪发光，

非常醒目。

"啊？你怎么直接吃羊粪啊？
你为什么不做粪球呢？"
神奇手慢慢地靠过去问道。
"我们裸胸蜣螂只有
在制作卵房时才需要粪球，
而且，我是雄性，不参与制作卵房。"
裸胸蜣螂一边吃一边回答。
裸胸蜣螂的身体又扁又平，
腋窝部分向里凹进去，后翅连在腋窝处。

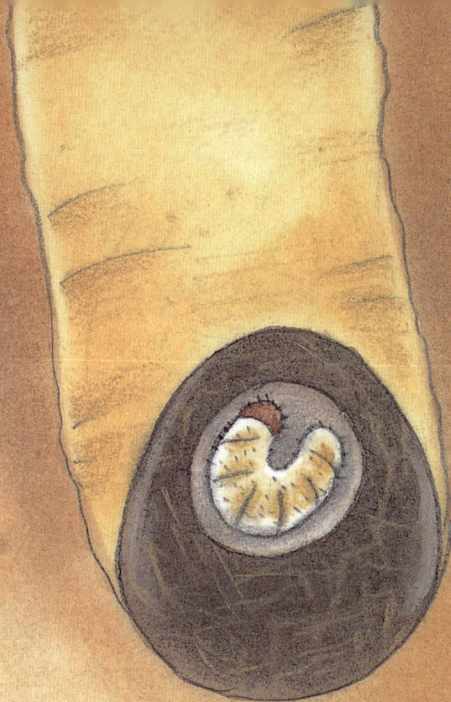

裸胸蜣螂体长 7 ～ 14 毫米，

属于体形比较小的蜣螂。

"那你们如何制作卵房呢？"

"雌裸胸蜣螂会挖一个七八厘米深的洞穴，

然后将粪球放进去，用粪球来做卵房。

我们的卵房酷似麻雀蛋。"

"那你们什么时候开始挖洞呢？"

"6 月就开始挖洞，

然后在卵房里产卵，

产卵后不到一周幼虫就会孵化出来。

我们的幼虫长得胖胖的，

身体呈 U 字形。"

裸胸蜣螂暂停进餐，

详细地为神奇手解释道：

"我们的幼虫期是 17 ~ 25 天，蛹期是 15 ~ 20 天，

成虫会在卵房里度过 8 月，

等到 9 月雨季来临时，才会爬到地面上来。"

神奇手回想起自己所知道的蜣螂——

西西弗斯蜣螂、宽颈蜣螂和野牛角蜣螂，

他们都是喜欢吃粪便的甲虫，

但生活习性却大不相同。

"你很特别呀！

其实我认识很多种蜣螂，

但像你这样穿着金色盔甲的还是头一位。"

"嘻嘻！真的吗？"

裸胸蜣螂害羞地笑了起来。

"还有一种更特别的蜣螂，

他们只在晚上活动，你想知道吗？"

裸胸蜣螂观察着神奇手的表情，

神秘地问道。

"嗯，你快给我讲一讲！"

裸胸蜣螂仰望着天空，

对神奇手说道：

"他们会在夜晚爬出洞穴，

在星空下尽情飞翔。

他们嗡嗡地飞上高空，

沿着羊群走过的路寻找粪便。"

"他们是谁呀？"

"条纹蜣螂。"

裸胸蜥蜴一脸神秘地继续说道：

"可以说，条纹蜥蜴是预测天气的专家，

如果傍晚时分看见他们在地面附近低飞，

那么第二天一定是个好天气。

刮风或者下雨的时候，你就看不到条纹蜥蜴，

他们会一直躲在洞穴里。

他们的洞穴里储存着丰富的食物，

足够他们吃好几天呢！

不过，也有例外。

有一次，炎热的天气持续了 3 天，

在这 3 天里，

条纹蜥蜴总是在傍晚时分

焦躁不安地飞来飞去，

结果，你猜发生了什么？

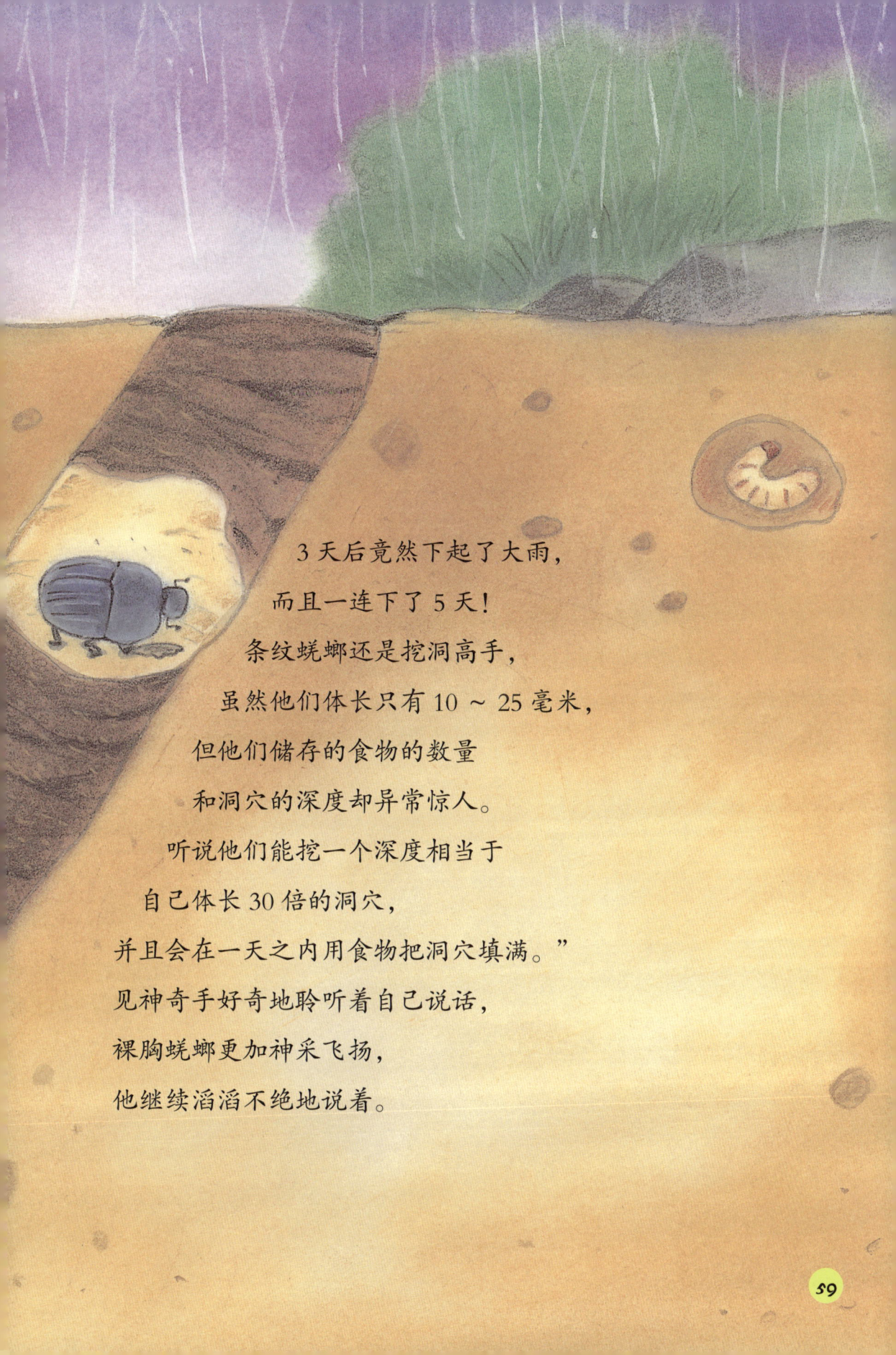

3 天后竟然下起了大雨，

而且一连下了 5 天！

条纹蜣螂还是挖洞高手，

虽然他们体长只有 10 ~ 25 毫米，

但他们储存的食物的数量

和洞穴的深度却异常惊人。

　　听说他们能挖一个深度相当于

自己体长 30 倍的洞穴，

并且会在一天之内用食物把洞穴填满。"

见神奇手好奇地聆听着自己说话，

裸胸蜣螂更加神采飞扬，

他继续滔滔不绝地说着。

"对了，条纹蜣螂9月才开始产卵，
而那时我们的卵早就变成成虫钻出地面了。
雌条纹蜣螂会在洞穴的底部挖一间小房间，
并在那里产卵，然后爬到地面上，
将粪球揪成小块递给雄条纹蜣螂，
雄条纹蜣螂接过粪块，
一层一层覆盖在卵上。

"他们的洞穴上半部分是空的，

下半部分堆着一层一层的粪块。

由于9月雨水比较多，

为了让卵房保持干燥，

他们会把粪块堆成竹筒形，

长度可达30厘米。

此外，他们的洞穴入口没有遮盖物，

堆得高高的粪块可以充当卵房的房顶。"

裸胸蜣螂越说越兴奋。

"还有啊，
条纹蜣螂的卵只需一两周就可以孵化成幼虫。
由于那时天气还不是很冷，
所以幼虫可以在洞穴里活动。
到了寒冷的冬天，幼虫就会冬眠，
这时，保护幼虫抵挡严寒的，
就是堆积在洞穴里的粪块了。
到了 12 月，幼虫发育完全，
不过，他们会耐心地在洞穴里等待春天的到来。
春天，准确地说是 5 月上旬，
幼虫会将体内的废弃物全部排出并化蛹。
蛹起初是白色的，会逐渐变成褐色。
再过四五周，蛹就会变成成虫。
此时的成虫翅膀和腹部还是白色的，
但头部和背部已经变成了黑色。
之后，他们翅膀和腹部的颜色也会越来越深，
到了 6 月底，他们就完全变成美丽的条纹蜣螂了。"
裸胸蜣螂终于讲完了，
他又开始埋头吃起羊粪来，
神奇手却陷入了沉思。

"哎呀！我得赶快挖一块粪便出来，

免得让其他家伙全都占为己有。"

神奇手回过神来，迅速滚起了粪球，

然后她倒立着将粪球推到了附近的沙地上。

"好了，现在开始挖洞吧！"

神奇手挖了一个洞，把粪球推进了洞里。

神奇手挖的洞穴比较狭小，

刚刚能容纳她的身体。

她又在洞穴底部挖了一个小洞，

把粪球放进了那个小洞里。

"我得仔细看看，

粪球里有别的家伙可不行！"

神奇手上下左右将粪球仔细检查了一遍，

直到确认粪球里没有混入其他昆虫或者卵才放下心来。

蜉金龟或小蜣螂如果躲在粪球里，
就会偷偷吃掉神奇手的粪球。
"我得赶紧做卵房了！"

神奇手用自己宽大的锯齿状前足拍打粪球，
使其表面光滑而致密。
如果粪球内部变得又干又硬，
幼虫就没的吃了。

我是一名美食家，
可以制作味美的粪球！

我是一名雕塑家，
可以雕刻美丽的卵房。

神奇手用力压着粪球顶端，

开始制作卵房。

她移动着自己的身体，

一点一点地认真制作卵房。

她将粪球顶端拉长，

捏成梨颈一样的东西，

梨形卵房就做好了

神奇手满意地打量着自己制作的漂亮的梨形卵房。

卵房长约 4.5 厘米，宽约 3.5 厘米。

有时神奇手也会制作一些比较小的卵房，

比如长约 3.5 厘米、宽约 2.8 厘米的卵房。

刚做好的卵房表面很光滑，

就像刚和好的面团一样柔软。

在制作过程中，

神奇手不会改变卵房的位置和方向，

她会让卵房在洞穴里保持斜放。

不过，不久后卵房的表面就会变硬，
甚至用力压也不会出现痕迹。
这样，卵房的内部可以一直保持松软，
幼虫才能吃到可口的粪便。
"终于可以产卵了！"
神奇手在卵房的"梨颈"处产下一枚卵。

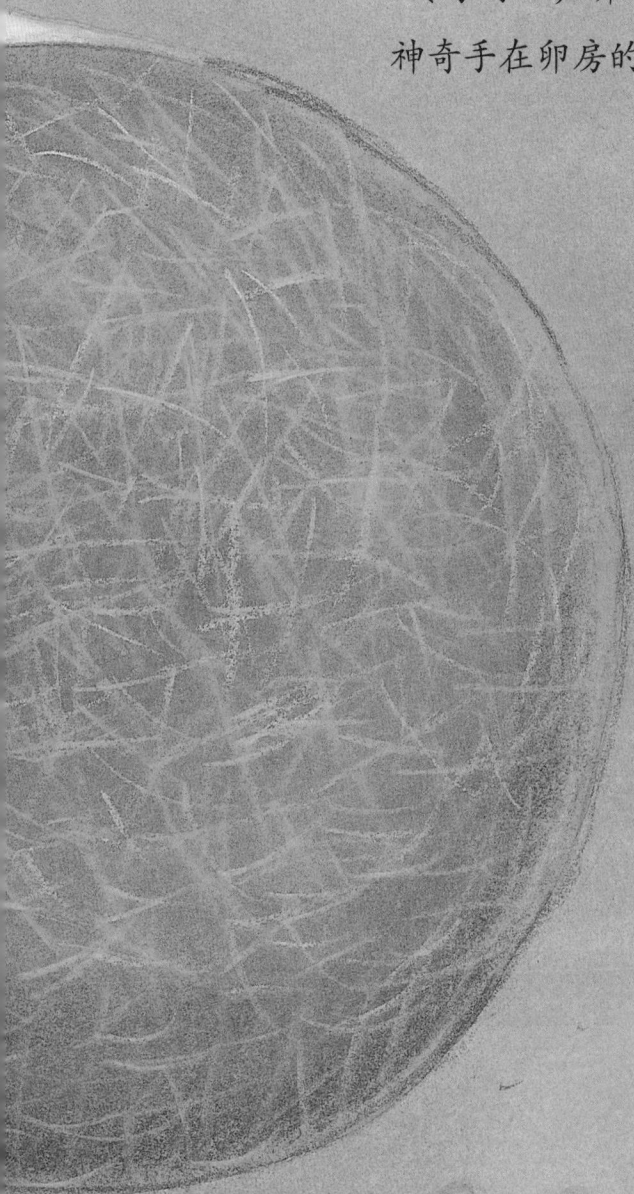

"梨颈"处有一间凹进去的孵化室，
神奇手便将卵粘在孵化室的内壁上。
由于刚产下的卵表面具有黏性，
所以能够粘在内壁上。
"我的乖宝宝，你要快点儿长大呀！"
神奇手产下的是一枚米粒大小的白色卵，
长约 1 厘米，宽约 0.5 厘米。
产完卵后，神奇手便把卵房的入口堵上了。
梨形卵房的内壁大部分是光滑的，
只有"梨颈"处富含纤维，
所以比较粗糙，
卵房可以通过这些纤维实现空气流通，
这样就可以让宝宝呼吸新鲜空气了。
"啊，终于完工了！"
神奇手深深地吐了一口气，
同时，她感觉洞外的热气传到了洞里。
"乖宝宝，现在妈妈该做的都做完了。"
神奇手慈祥地端详着卵房，
开始轻声叮咛。

"乖宝宝，妈妈的名字是神奇手，

因为妈妈会制作神奇的、漂亮的卵房。

现在，妈妈给你起个名字吧，

就叫魔术手怎么样？

希望你能像魔术师那样，制作出完美的卵房。

至于怎样制作卵房，你就需要自己慢慢学习了。

"你一定要制作出最棒的卵房啊，
不要辜负了妈妈给你起的名字！
现在，妈妈要走了。
快快长大吧，我的乖宝宝。"
神奇手亲切地望了望自己制作的卵房，
转身爬出了洞穴，
然后用沙土封住了洞口。
她展开翅膀，
依依不舍地飞走了。

魔术手和帅气角

阳光普照的一天，
在距离地面 10 厘米左右的地下孵化室里，
刚刚孵化出一只圣甲虫幼虫。
这一天是神奇手产卵后的第 6 天，
这只刚孵化出来的幼虫就是魔术手。

有时圣甲虫幼虫的孵化时间长达 12 天，
这主要和天气或者气温有关。
"哇，我现在是幼虫了！"
此时的魔术手身体白嫩透明，
体内的消化器官隐约可见。
他像虾一样蜷缩着身体。

他的头较小，呈淡褐色，头上长着粗糙的细毛，

腹部有 6 条又长又结实的腿。

但是，此时他的腿并不是用来爬行的。

"哎呀！好饿呀！"

魔术手开始啃孵化室的墙壁，

不过，他可不是随便找个地方开始啃的。

"我可不能把房间的墙壁啃破啊！"

他从墙壁较厚的地方开始啃。

如果从"梨颈"处开始啃，

薄薄的墙壁就会被啃出洞来，

那么，当外面的空气进入卵房，

卵房就会变干，甚至裂开。

魔术手一天天地长大了，
他的身体也变得像象牙般白皙、光滑。
"真想睡一觉啊！"
不久后，魔术手蜷缩着身体，
进入了沉沉的梦乡。
他就这样在卵房里
吃饱了睡、睡醒了吃，
过着悠闲的日子。

在魔术手洞穴附近的地底下，

还生活着另一种幼虫，

他们就是西班牙蜣螂幼虫，

一共有 4 只。

他们出生时已经是又大又强壮的幼虫了，

他们有个外号，叫帅气角。

"我们会长出世界上最漂亮的角！"

现在，他们的身体呈浅黄色，软软的，

只有头部稍硬。

"你们好啊！我的孩子们！"
帅气角们的妈妈看着自己的卵房，
轻声问候着。
西班牙蜣螂体长 15 ～ 30 毫米，
身穿黑色盔甲，
粗短的腿使他们看起来非常笨拙。
雄西班牙蜣螂头上
有一根长长的角，
而雌西班牙蜣螂的角比较短。

我们不需要长长的腿，
因为我们不用推粪球。

我们不用推着粪球走，
因为我们就住在粪便下。

当帅气角们在卵房里吃东西的时候，
他们的妈妈开始给他们讲故事。
"我的孩子们，
我们西班牙蜣螂白天都会躲在洞穴里，
只有天黑后才到地面上寻找食物。
我们一旦发现粪便，
就马上在粪便下面挖洞穴、盖房子，
记住，我们的食物也是我们的屋顶。
我们只要挖小苹果那么大的洞穴就可以了。
挖好洞穴后，
我们就可以直接挖一部分屋顶来吃。
因此，只要洞穴上面还有粪便，
我们就不用爬出地面。

"妈妈告诉你们呀，我们蜣螂中有一些家伙，
不但要辛苦地制作粪球，还得把粪球带进洞穴。
可是我们只在孵化宝宝时才为宝宝们制作粪球，
你们想想，我们多幸福啊！
不过，我们会非常用心地制作宝宝的洞穴。
你们现在居住的这个洞穴比较宽敞，
虽然天花板有点儿凹凸不平，
但是地板非常光滑。

"这个洞穴里有一条地下通道，
沿着这条地下通道你们就可以到达地面。
地下通道的墙壁是用湿润的泥土砌成的，
而且被仔细拍打过，所以非常坚固。
你们的爸爸不但和妈妈一起盖漂亮的房子，
还帮着妈妈为你们准备充足的食物。

"当妈妈开始制作粪球时，爸爸就告别妈妈回到地面，

因为洞穴的空间只能容纳妈妈一个。

'我得做一个大大的粪球！'妈妈是这么想的。

于是，妈妈用爸爸拿回来的粪便，

做成一个大大的粪团，

然后爬到粪团上面拍打粪团的表面，

使突出的地方变得平滑，这样粪球就做好了。

接下来就得耐心等待了！

在做好粪球后的那一个星期里，

妈妈什么事情也不做，静静地等着粪球发酵。

发酵的粪球不但味道好，

而且比较好整理，

因为这时它的硬度恰到好处。

一个星期后，粪球膨胀起来了，

这时妈妈就可以制作卵房了。

妈妈用头顶的大锹和锯齿状的前足

将粪球切成几块。

接下来，妈妈一整天都在用粪球制作圆形的卵房，

第二天，妈妈在卵房顶端做出一间孵化室，

然后在里面产卵。

"产卵时一定要小心、再小心!
产完卵后,
妈妈用前足夹紧孵化室的入口,
把它捏成尖尖的屋顶。
此时也要格外小心,
如果用力太猛,
可能会伤害到卵。

"之后，妈妈继续小心翼翼地整理卵房，
足足花了 24 小时才整理好一间卵房。
接着，妈妈重复前面的步骤，
陆续建好了第二间、第三间、第四间卵房，
就这样，你们四兄弟的房子终于全部建好了。"
西班牙蜣螂妈妈讲述这些经历时，
洞穴外面开始刮风，还下起了毛毛雨。

圣甲虫的洞穴一旦被人类踩踏，

入口就找不到了。

魔术手的洞穴也发生了同样的状况。

"糟了，我的卵房有裂痕了！"

魔术手的卵房表面就像鱼鳞一样有一些裂痕，

有些地方开始脱皮。

"我得赶紧修补裂痕！"

魔术手从尾部排出一些水泥状的液体，

然后用扁平的尾巴压平了裂痕。

圣甲虫幼虫尾部排出的液体

是专门用来修理墙壁的。

"现在该整理一下了！"

这次，魔术手将身体转过来，

用头和口器仔细整理刚刚修补过的地方。

15分钟后，水泥状的液体变得又干又硬，

已经看不到墙壁的裂痕了。

这时，住在隔壁的帅气角们的卵房也出现了裂痕。

"哎呀，我得赶紧给他们修补一下！"

西班牙蜣螂妈妈一般都会守在卵房旁边，

一旦卵房发霉或者出现裂痕，

她就会马上帮孩子们修理。

而魔术手独自生活，

没有谁可以依靠，

他必须自己修补卵房的裂痕。

幸好，魔术手天生具有这样的能力。

"多吃点儿，

这样才能快点儿长大呀！"

魔术手继续吃着卵房里的食物，

他一边不停地吃，一边不断地从尾部排出排泄物，

只见旁边的空地上堆满了他的排泄物。

随着排泄物的增加，

魔术手卵房的墙壁越来越薄，

他的食物也越来越少。

"好了，不能再吃了！"

不知不觉中，魔术手已经长大了，

他准备化蛹了。

魔术手又将从尾部排出的水泥状液体

涂抹在了卵房的内壁上，

因为他需要将变薄的墙壁加固。

墙壁变得非常光滑和坚固，

坚固到不论是用手弹还是用小石子砸，

都不会出现丝毫破损。

接着，魔术手蜕掉了幼虫的外皮，

匀称的身体呈现出琥珀般晶莹剔透的色泽。

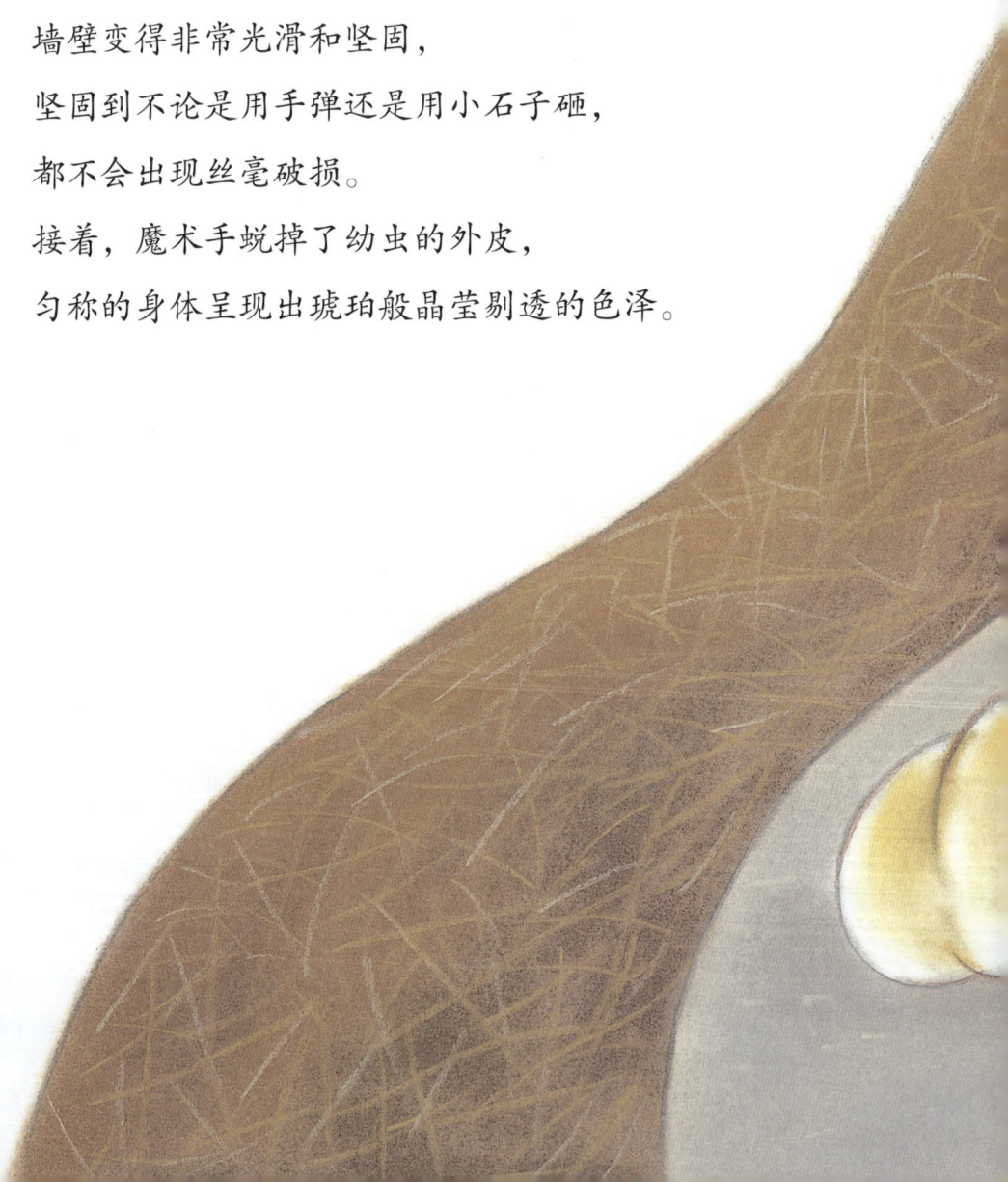

"现在该睡觉了！"

魔术手将前足收起来放在胸口上，

至于即将成为鞘翅的地方，则被折叠在背部上方。

除了头部以外，魔术手的其他部位还在发育中。

这时，帅气角们也变成了蛹，

他们的头、角、前胸、足等，

逐渐从黄色变成了红色，

只有鞘翅部分还是淡淡的黄色。

又过了一个月，

帅气角们从蛹变成了成虫。

魔术手也蜕掉了蛹壳，变成了成虫，

他的头和足仍是深红色，

腹部呈白色，鞘翅则是半透明的白色，

并带有淡淡的黄色。

不过，这身漂亮的衣服只是暂时的，

再过一个月，他的身体就会渐渐变成黑色，

到那时，他就会穿上坚硬的盔甲，

成为一只真正的圣甲虫。

此时还是 8 月，洞外的天气炎热、干燥，
蟋蟀们的洞穴中也异常闷热。
"啊，真想出去看一看！"
魔术手向往着洞外的世界，
每天都在焦急地等待着。
可是，无论他怎么敲打，
也无法敲破卵房坚固的墙壁。
转眼到了 9 月，草原上下起了秋雨。
雨水渐渐渗透到地下，
魔术手和帅气角们的卵房也被雨水浸湿，
变得松软了。

"现在可以出去了！"

魔术手用力敲打着卵房的墙壁，

被雨水浸湿的卵房

啪的一声裂开了。

"哇！"

魔术手爬出了洞穴。

这时，帅气角们和他们的妈妈也爬出了洞穴。

西班牙蜣螂妈妈在这 4 个月里什么都没吃，

一直照顾着自己的宝宝。

"太棒了！"

魔术手终于爬到了地面上，

阳光照在他身上，

他感觉非常温暖、舒适。

"你一定要制作出最棒的卵房啊！"

魔术手仿佛听到了妈妈的叮咛声，

他展开翅膀，

朝农场飞去……

我的昆虫观察笔记

请用文字或图画记录你的所见所感。

똥 구슬을 만드는 똥풍뎅이 by Chun-ok kim (author) & Se-jin Kim (illustrator)

Copyright © 2002 Bluebird Child Co.

Translation rights arranged by Bluebird Child Co. through Shinwon Agency Co. in Korea

Simplified Chinese edition copyright © 2025 by Beijing Science and Technology Publishing Co., Ltd.

著作权合同登记号　图字：01-2005-3601

图书在版编目 (CIP) 数据

　　法布尔昆虫记 . 大自然的清道夫蜣螂 / （韩）金春玉编著；（韩）金世镇绘；李明淑译 . —北京：北京科学技术出版社，2025.1
　　ISBN 978-7-5714-2914-0

　　Ⅰ . ①法… Ⅱ . ①金… ②金… ③李… Ⅲ . ①昆虫 – 儿童读物②粪金龟科 – 儿童读物 Ⅳ . ① Q96-49 ② Q969.516.7-49

中国国家版本馆 CIP 数据核字 (2023) 第 031311 号

策划编辑：徐乙宁
责任编辑：付改兰
封面设计：包荧莹
图文制作：天露霖
出 版 人：曾庆宇
出版发行：北京科学技术出版社
社　　址：北京西直门南大街 16 号
邮政编码：100035
电　　话：0086-10-66135495（总编室）
　　　　　0086-10-66113227（发行部）
网　　址：www.bkydw.cn
印　　刷：保定华升印刷有限公司
开　　本：787 mm×1092 mm　1/16
字　　数：88 千字
印　　张：7
版　　次：2025 年 1 月第 1 版
印　　次：2025 年 1 月第 1 次印刷
ISBN 978-7-5714-2914-0

定　　价：299.00 元（全 10 册）